图解
农电安全要诀

山西省电力公司　编

中国电力出版社
CHINA ELECTRIC POWER PRESS

内 容 提 要

本书以图解加要诀的形式，将国家电网公司对农电安全工作提出的要求以通俗易懂的形式进行总结，非常便于对广大农电员工进行安全培训和安全宣传。

本书共分五部分，主要内容包括："五防五有十要"；"四个好"；防止人身事故"十不准"；易发生危险的二十种人；十七种违章行为。

图书在版编目（CIP）数据

图解农电安全要诀／山西省电力公司编. —北京：中国电力出版社，2008
ISBN 978-7-5083-6097-3

Ⅰ. 图… Ⅱ. 山… Ⅲ. 农村－用电管理－安全技术 Ⅳ. TM92

中国版本图书馆 CIP 数据核字（2007）第 154700 号

中国电力出版社出版、发行
（北京市东城区北京站西街 19 号 100005 http：//www.cepp.sgcc.com.cn）
北京博图彩色印刷有限公司印刷
各地新华书店经售
*
2008 年 3 月第一版 2011 年 9 月北京第九次印刷
850 毫米×1168 毫米 32 开本 2.625 印张 100 千字
印数 64054-67053 册 定价：12.00 元

编委会

序

农电系统是服务农业、服务农村经济发展的前沿阵地，在推进社会主义新农村建设和小康社会建设中肩负着重要的职责。由于农网点多、线长、面广、设备分散、安全基础薄弱、规章制度欠缺，再加上农电人员技术素质相对偏低，尤其是农网“两改”后，农村电网资产、设备规模突增，农电管理范围延伸，供电所专职电工大多数都没有经过专门训练，对业务和规程熟悉程度较低，安全意识、自我防范意识不强，由此而造成的“安规”、“两票”执行不到位，安全措施不落实，人员作业行为不规范等导致的农电事故时有发生，其中因人员责任而导致的农村电工人身伤亡事故十分突出，因此确保农网安全的任务十分艰巨。

为此，山西省电力公司围绕“以人为本，珍惜生命”的安全理念，在农电系统大力倡导“严细铸就安全，遵章捍卫生命”。同时在深入开展反事故斗争、隐患排查治理和“百问百查”活动中，针对农电安全工作防人身责任和人身伤亡事故为重中之重的特点，积极推进企业安全文化建设，总结国内农电系统近年来发生的经典事故案例，在编辑出版《图解农网人身伤亡事故案例分析与防范》的基础上，组织相关人员结合国家电网公司开展的爱心活动和平安工程，依据国网公司提出的农电安全“三防十要”，结合农电现场工作实际，绘制了简单易懂的“五防五有十要”、“四个好”、防止人身事故“十不准”、易发生危险的二十种人和十七种违章行为的《图解农电安全要诀》，以便农电员工在生产工作中学习理会其中内容和吸取事故教训，从而达到提高农电员工素质，规范工作行为的作用。

2008 年 3 月

目录

第一部分 “五防五有十要”

“五防”：

1. 防止触电伤害
2. 防止倒（断）杆伤害
3. 防止高空坠落
4. 防止反送电
5. 防止带电挂接地线和误送电

“五有”：

1. 有个人验电笔
2. 有个人保安线
3. 有合格安全带
4. 有近电报警安全帽
5. 有近电报警表

“十要”：

1. 工作前要勘察施工现场，提前进行危险点分析与预控。

2. 检修、施工要使用工作票，作业前现场进行安全交底。

3. 施工现场要设专人监护，严把现场安全关。

4. 电气作业要先进行停电，验明无电压后立即装设接地线。

5. 高空作业要戴好安全帽，脚扣登杆全过程系好安全带。

6. 梯子登高要有专人扶守，必须采取防滑，限高措施。

7. 人工立杆要使用抱杆，必须由专人进行统一指挥。

8. 撤杆撤线要先检查杆根必须加设临时拉线或晃绳。

9. 交通要道施工要双向设置警示标志，并设专人看守。

10. 放、撤线邻近或跨越带电线路要使用绝缘牵引绳。

1 防止触电伤害

（1）严格执行“两票三制”，特别要加强“两票”的审核、批准和签发制度的执行。

（2）强化工作中的危险点控制，严格执行工作过程中的监护制度，明确专职监护人的监护职责和要求，使监护安全有效，保证作业人员远离带电点。

（3）严格执行电气安全工作停电、验电、接地、悬挂标示牌和装设遮拦（围栏）的技术措施。

（4）带电作业时应认真研究带电作业方法和保证带电作业的安全措施，制定切实可行的带电作业安全细则。

② 防止倒（断）杆伤害

（1）采用观测弧垂法检查，当导线弧垂不平衡时判断砼电杆横担损伤受损或砼电杆倾斜与变形等情况。

（2）检查砼电杆表面是否有裂纹，普通砼电杆保护层是否酥松脱落、钢筋外露，裂纹宽度是否超过 0.2mm，对于预应力砼电杆不得有纵、横向裂纹；设有排水孔的电杆应观察是否堵塞。

（3）电杆埋深的 1/2～1/3 处应力较集中，可采取掏挖（一般不超过埋深的 1/3，对有卡盘的深埋电杆应掏挖至上卡盘位置）的方法检查杆根是否有裂纹。

（4）拉线一侧有松动或另一侧有过紧拉力的要检查电杆根部或颈部是否有裂纹。对有轻微裂纹的电杆应采取防范措施，对有严重裂纹或酥裂的砼电杆应进行更换。

（5）登杆前应注意观察电杆周围土壤是否沉陷，是否有松动，是否有裂缝。作业前应在地面立好支架，或用长杆将拉绳推到砼电杆上部后，打好临时拉绳，并使各方向受力均匀。

3 防止高空坠落

（1）高空作业要戴好安全帽，系好安全带（脚扣登杆全过程要系安全带）；当高空作业条件允许时，应搭设安全工作平台。

（2）高处作业必须严格按批准的施工方案组织施工，并对施工人员进行必要的安全技术交底和培训。

（3）加强作业现场的安全监督管理，确保施工人员正确使用安全帽、安全带等个人防护用具。

④ 防止反送电

（1）检查停电检修线路分支线上是否有其他外来电源或有用户自备发电机接入。

（2）检查用户多回路电源（含自备发电机）闭锁装置的可靠性及防止反送电的安全措施是否得到落实。

5 防止带电挂接地线和误送电

（1）线路挂接地线前一定要进行验电，严禁带电挂接地线。

（2）挂接地线时一定要先挂接地侧后挂设备端，且接触良好，连接可靠；拆接地线的顺序与此相反。严禁以个人保安线代替接地线。

（3）送电前一定要检查落实工作是否已结束，工作人员是否已撤离，所作措施是否已恢复。

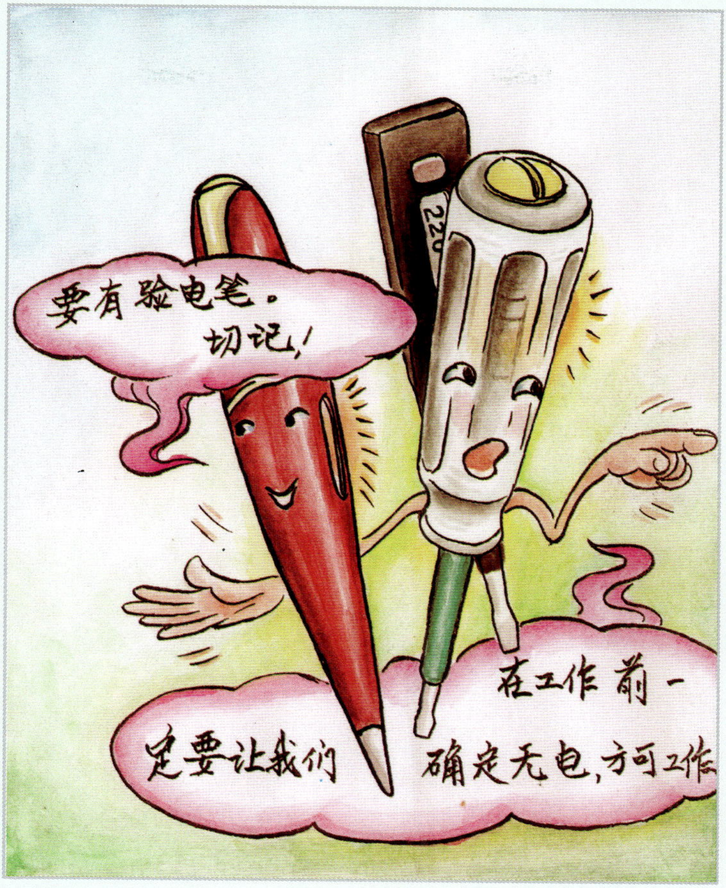

1 有个人验电笔

在变台低压侧（包括配电箱、线路和用电器等）工作，工作人员工作前一定要先验电后工作。

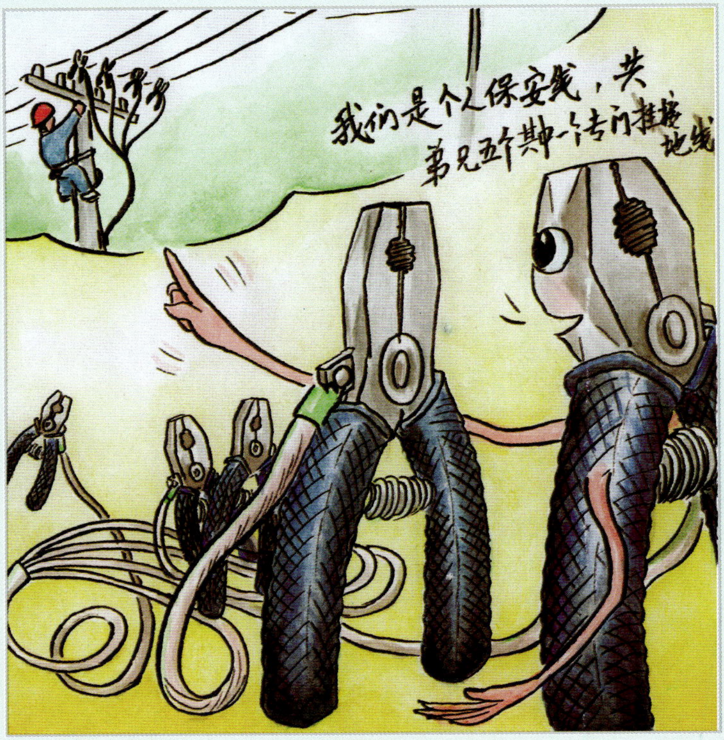

② 有个人保安线

（1）工作地段如有邻近、平行、交叉跨越及同杆架设线路，为防止停电检修线路上感应电压伤人，在需要接触或接近导线工作时，应使用个人保安线。

（2）个人保安线应在接近导线的作业开始前挂接，作业结束脱离导线后拆除。装设时，应先接接地端，后接导线端。

（3）个人保安线应使用有透明护套的多股软铜线，截面积不得小于 16mm^2，且应带有绝缘手柄或绝缘部件。

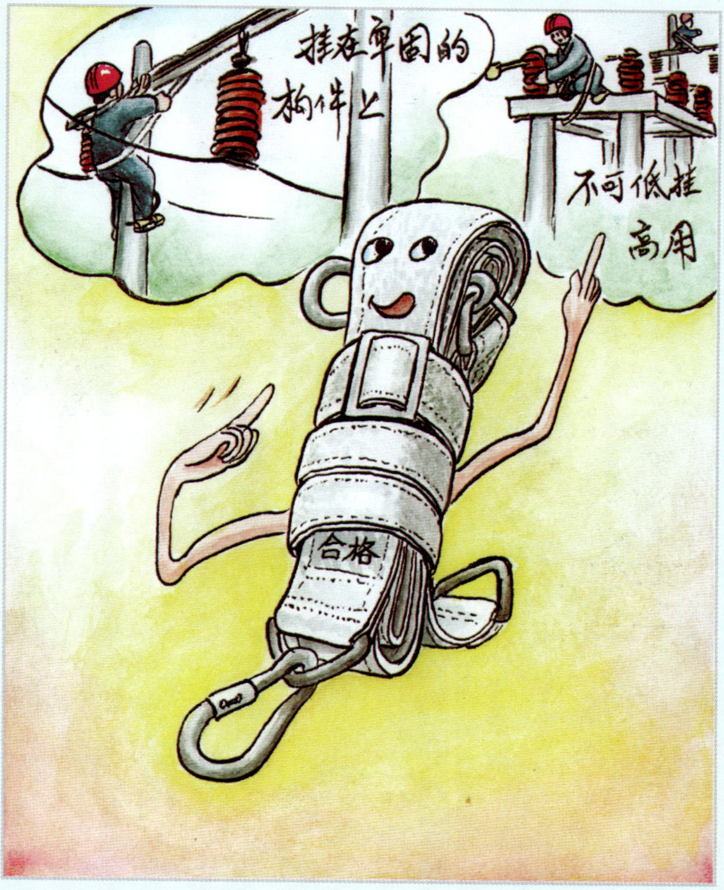

3 有合格安全带

在登杆或高空作业时，应使用合格的安全带，安全带应挂在牢固的构件上，严禁低挂高用，并防止安全带从杆顶脱出或被锋利物损坏。

4 有近电报警安全帽

在带电区或工作地段有邻近、平行、交叉跨越及同杆架设线路时，为防止触电伤害，工作人员应配戴近电报警安全帽。

5 有近电报警表

在带电区或工作地段有可能存在触电危险源时，为防止触电伤害，工作人员应配戴近电报警手表。

1 工作前要勘察现场，工作负责人必须清楚和明确工作任务、作业范围和施工方法，并根据作业类型、方法、人员、工器具、环境等制定危险点预控措施，不得盲目接受工作任务。

2

检修施工要填用工作票，不得无票工作。开工前，工作负责人要向作业人员现场交底，做到“四清楚”，即作业任务清楚、现场危险点清楚、现场的作业程序清楚、应采取的安全措施清楚。未经现场交底不得开始工作。

3 施工现场工作负责人、工作许可人、工作班成员要各司其职，专职监护人要对工作人员精神状态、工器具配备、现场安全措施、作业安全行为等进行全过程监督检查，不得脱岗或随意替代工作。

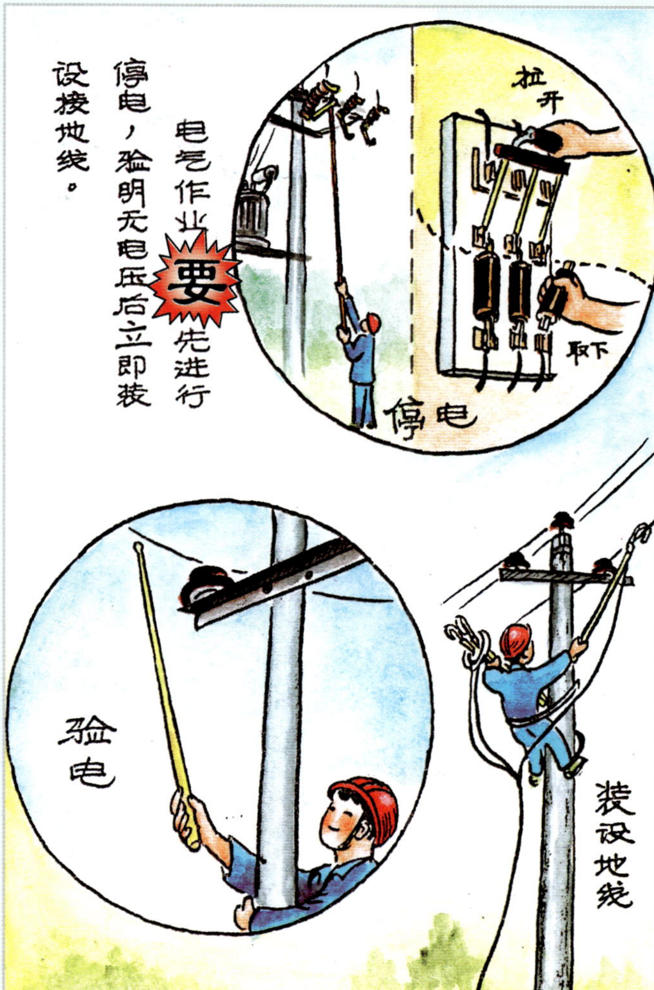

4 停电工作要按照停电、验电、挂接地线的程序做好安全技术措施。对双电源供电的设施，做好防止反送电的措施。作业部位必须验电，验电后立即装设接地线，禁止不做安全措施或随意变更作业次序。

5 进入工作现场要戴好安全帽，未经许可不得进入；登高作业要检查工器具并确认合格，用脚扣登杆应全过程系好、系牢安全带，不得失去安全保护。

6

梯子登高前应检查并确认梯身合格、基面牢固、定位可靠；作业时梯子应与地面成60°左右的斜角，距梯顶不得少于1米，要有专人全过程扶守，不得单人作业。

7 立撤杆塔要由专人统一指挥，使用合格工器具。人工立杆要使用抱杆，不得用铁锹、桩柱等代替；机械立杆起吊位置应合适，严禁过载使用。

8 撤杆撤线应先检查杆身、杆基、拉线等是否牢固，打好临时拉线或晃绳，未经许可不得随意调整或拆除。严禁采取突然剪断导线、地线、拉线等方法进行作业。

9 架拆线路要由专人指挥，在公路、铁路、航道等交通要道上应双向设置标志进行警示、隔离，并设专人手持旗帜看管。禁止不采取防止挂线事故的防范措施。

10 邻近或跨越带电线路放、撤线时要就近在施工的线路上装设临时接地线，要使用绝缘牵引绳并与带电线路保持足够的安全距离。

第二部分 “四个好”

1. 开好工作票
2. 开好班前、班后会
3. 学好《农电员工安全工作手册》
4. 开展好安全考试

工前開好票
如获护身宝
安全有此靠
事故逃之夭

1 开好工作票

任用符合《安规》要求的工作票签发人和工作票负责人，做到工作任务、停电范围、工作地段明确，人员安排合理。同时根据工作性质（停电或不停电）正确选用第一或第二种工作票，并在事故应急抢修时填写事故抢修单。要求填写清晰，审核无误。

班前開開会
作項心明了
班后会要开
清点終結好

② 开好班前、班后会

向工作人员交代清楚工作任务、停电范围和时间、需要做的安全措施、工作场所存在的危险因素等，清点检查安全工器具是否齐备并合格，并检查工作成员的人数和精神状态，使工作成员对所做工作心中有数。

3 学好《农电员工安全工作手册》

使工作人员牢记从事农电工作的基本要求和一般规定，了解掌握《农电员工安全工作手册》的内容，提高安全防范意识。

④ 开展好安全考试

定期开展安全考试，了解掌握工作人员的安全技术素质，促进和提高工作成员制定安全措施、分析工作场所存在危险因素以及做好防范安全事故的能力。

第三部分　防止人身事故“十不准”

1. 不准无票操作、无票工作

2. 不准约时停送电

3. 不准单人从事检修工作

4. 不准不使用事故应急抢修单进行事故抢修

5. 不准未验电挂接地线

6. 不准在检修设备两端无接地线保护情况下工作

7. 不准高空作业不系安全带、生产现场不戴安全帽、不穿绝缘鞋

8. 不准使用未经试验合格的安全工器具

9. 不准安规考试不合格的人员从事电气工作

10. 不准私自从事与电力系统及用户有关的电气工作

“十不准”是防人身事故最基本的要求，也是最容易出现的违章行为，县公司及供电所工作人员在全面执行《安规》要求的基础上应时刻牢记“十不准”。

“十不准”是安全生产中坚决禁止的行为，若违犯了“十不准”不论造成事故与否，都要严肃处理，当事人一律离岗培训，并对相关领导进行处罚。

① 不准无票操作、无票工作

2 不准约时停送电

3 不准单人从事检修工作

4 不准不使用事故应急抢修单进行事故抢修

5 不准未验电挂接地线

6 不准在检修设备两端

无接地线保护情况下工作

7 不准高空作业不系安全带、生产现场不戴安全帽、不穿绝缘鞋

8 不准使用未经试验合格的安全工器具

9 不准《安规》考试不合格的人员从事电气工作

10 不准私自从事与电力系统及用户有关的电气工作

第四部分　易发生危险的二十种人

1. 初来乍到的新工人
2. 忘记规程的糊涂人
3. 冒失莽撞的勇敢人
4. 吊儿郎当的马虎人
5. 冒险蛮干的危险人
6. 满不在乎的粗心人
7. 盲目侥幸的麻痹人
8. 难事缠身的忧愁人
9. 凑凑和和的懒惰人
10. 投机取巧的大能人
11. 不求上进的抛锚人
12. 委屈满腹的气愤人
13. 急于求成的草率人
14. 心神不定的心烦人
15. 好奇盲动的年青人
16. 瞻前顾后的老好人
17. 自以为是的骄傲人
18. 变换工种的改行人
19. 固执己见的怪癖人
20. 第二职业的疲惫人

新来乍又到
牛氣实在足
嶄亮光彩照
安規不知曉

1 初来乍到的新工人

作业讲规程
内容忘一旁
稀里糊涂干
违规又违章

2 忘记规程的糊涂人

冒失勇敢上
莽撞勇氣生
不验又不看
生命觉的轻

3 冒失莽撞的勇敢人

吊儿不学好
郎当无上进
马虎随心欲
安规脑后抛

4 吊儿郎当的马虎人

冒险实在强
蛮干我能行
危险随处在
劝君莫逞能

5 冒险蛮干的危险人

满不在乎乎
无帽杆上作
碰着無所谓
粗心酿祸端

6 满不在乎的粗心人

盲目無规则
侥幸又麻痹
生命开玩笑
諸位不可取

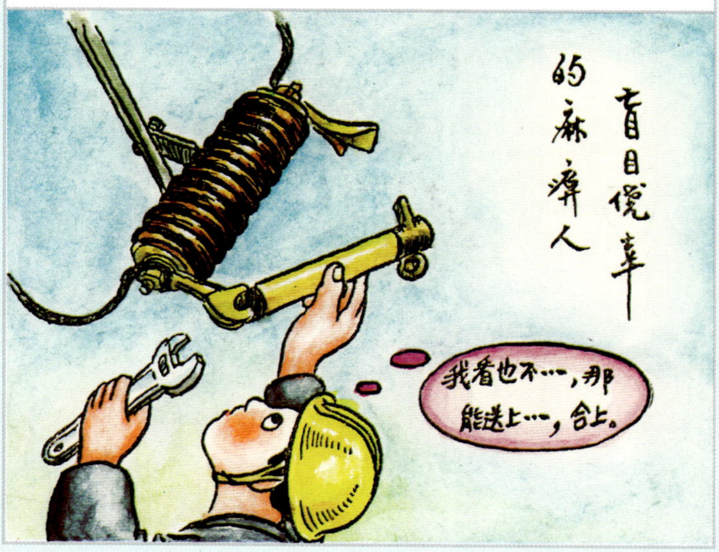

7 盲目侥幸的麻痹人

工作高危处
难事又纏身
忧愁無心干
恍惚要遭殃

8 难事缠身的忧愁人

懒惰想歪法
凑乎瞎来干
规矩放一边
违章身不安

9 凑凑和和的懒惰人

学习不用功
颠书念睡经
投机取巧心
日后存祸根

10 投机取巧的大能人

停滞不上进
学习咱没用
抛锚落后人
安规不知情

11 不求上进的抛锚人

委屈满腹躁
氣愤冲雲霄
带恨搞作业
安全任尔抛

12 委屈满腹的气愤人

草率想急于
求成性致飘
三下五除二
安全靠不牢

13 急于求成的草率人

心煩干工作
作业神不定
脑手不相协
事故随時出

14 心神不定的心烦人

好奇未曾見
盲目我來干
注項均不知
事故瞬眼間

15 好奇盲动的年青人

工作無原則
瞻前又顧后
稀里糊涂好
安全要不要

16 瞻前顾后的老好人

高傲自为是
安全认己通
若遇危险事
违章分不清

17 自以为是的骄傲人

变换工种干
改行如隔山
工作帮倒忙
处处生违章

18 变换工种的改行人

不按規程操
反说理应当
己見怪癖对
固执易违章

19 固执己见的怪癖人

不务正业忙
第二职活干
揽下搞通霄
疲惫危险上

20 第二职业的疲惫人

第五部分 十七种违章行为

1. 工作中不戴安全帽
2. 戴安全帽不系带
3. 操作时，不使用绝缘手套或绝缘鞋
4. 检修现场安全围栏、标示牌设置不规范
5. 监护人代替操作人操作
6. 用缠绕的方法装设接地线
7. 使用移动电动工具未使用剩余电流动作保护器
8. 工作负责人现场不携带工作票
9. 工作负责人放弃监护
10. 高空作业时，抛掷材料、工具
11. 超定员载人行车
12. 客货混载行为
13. 工作中不使用劳动防护用品者
14. 使用超周期和绝缘不合格的电器安全工器具
15. 工作前或工作中饮酒
16. 工作负责人不到现场，工作人员擅自作业
17. 约时停送电

1 工作中不戴安全帽

② 戴安全帽不系带

3 操作时，不使用
绝缘手套或绝缘鞋

④ 检修现场安全围栏、标示牌设置不规范

5 监护人代替操作人操作

6 用缠绕的方法
装设接地线

7 使用移动电动工具未使用剩余电流动作保护器

8 工作负责人现场不携带工作票

9 工作负责人放弃监护

10 高空作业时，抛掷材料、工具

11 超定员载人行车

12 客货混载行为

13 工作中不使用劳动防护用品者

⑭ 使用超周期和绝缘不合格的电器安全工器具

15 工作前或工作中饮酒

16 工作负责人不到现场，工作人员擅自作业

17 约时停送电